机器人,你好!

机器人怎样感知

〔美〕杰夫·德拉罗沙　著

黎雅途　译

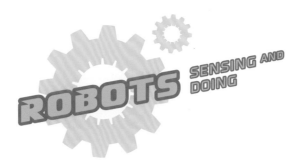

ROBOTS SENSING AND DOING

WORLD BOOK

中国出版集团

世界图书出版公司

机密档案 1

机器人有感觉吗？

  机器人的"感觉"是由传感器实现的，传感器能够探测光线、热量、温度、运动状态、振动幅度等。只有感知到外界情况，机器人才能知道该做些什么。就像安装悬崖传感器后，扫地机器人到边缘就会停下来。

Robots: Robots Sensing and Doing

目 录
Contents

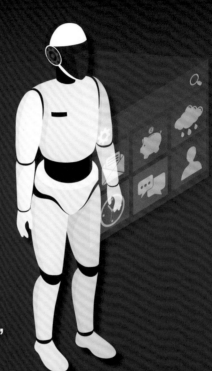

术语表的词汇在正文中
首次出现时为黄色。

机器人
怎样感知

人类每天都在与周围的世界互动，这种互动一般通过感觉和肌肉实现。视觉、听觉和触觉等感觉让我们感受到周围发生的一切，肌肉帮我们完成自由移动、捡取物品等一系列动作。

与人类一样，机器人也是通过感觉和肌肉实现与世界的互动。机器人的"感觉"是由传感器实现的，传感器能够探测光线、热量、温度、运动状态、振动幅度等；机器人的"肌肉"是它的驱动器，驱动器可以驱动机器人完成一些动作。最常见的驱动器是电动机，还有气动驱动器、液压驱动器和其他种类的驱动器。

机器人 iCub

工程师设计了一个名叫 iCub 的机器人，iCub 就像人类小孩一样，通过"感觉"和"肌肉"了解世界。iCub 通过传感器"感觉"附近的环境，然后用驱动器实现与世界的互动。

>>>>

人类具有相同的感知系统，但是机器人的传感器多种多样，工程师会根据机器人需要做的事情设计一套最简单的传感系统。

第一代扫地机器人在地板上随意走动，当它撞到物体时，会换个方向继续前进，这是因为扫地机器人安装了碰撞传感器。当扫地机器人撞到物体时，碰撞传感器就会通知扫地机器人倒退并换个方向移动。

为了防止扫地机器人从边缘或楼梯跌落，之后的扫地机器人身上还安装了另一种传感器——悬崖传感器。悬崖传感器发射光线到地面，地面把光线反射回来，由探测器接收。快到边缘的时候，光线就无法正常反射回探测器，探测器就会通知扫地机器人停下来，防止跌落。

下图显示了扫地机器人的清洁路线——基本是随机的，扫地机器人的转弯是通过简单的碰撞传感器实现的。

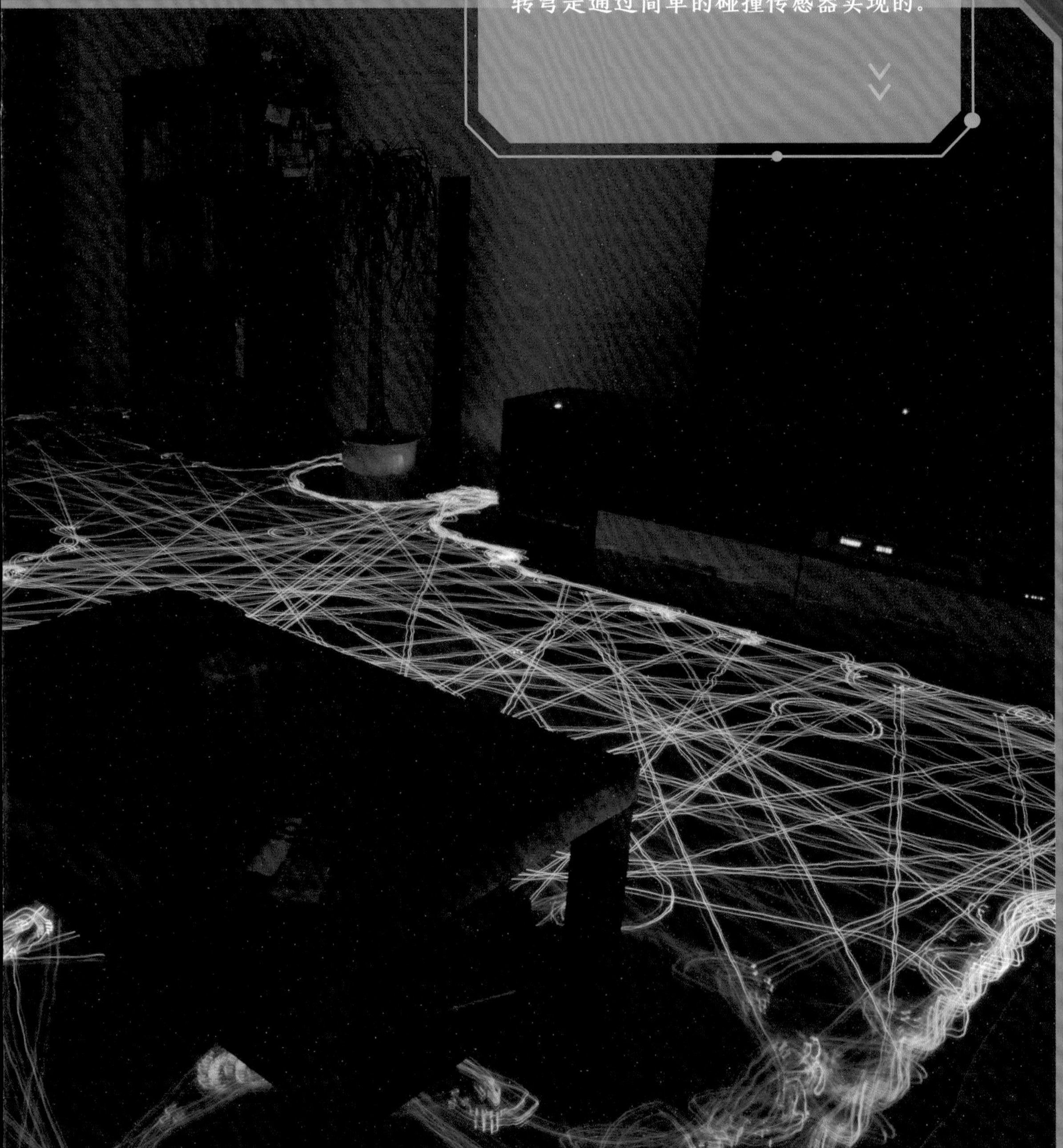

接近传感器

悬崖传感器是一种简单的接近传感器——这里的"接近"指的是机器人正接近身边的物体。机器人通过悬崖传感器知道自己与地面之间的距离，通过其他接近传感器判断与障碍物的距离，并绕过障碍物。

接近传感器的工作原理多种多样，大部分通过反射光线测量距离（比如悬崖传感器）。接近传感器发出光线，光线遇到物体反射回来，被探测器接收。机器人与物体的距离越近，反射的光线越强。这些传感器通常只接收某种频率的光线，这样就不会受到其他来源的光线干扰。

还有一些接近传感器是通过超声波测量距离的。接近传感器发出超声波，机器人周围的物体把超声波反射回来，接近传感器根据超声波的传播速度和反射时间算出机器人与物体间的距离。

悬崖传感器

　　扫地机器人从楼梯跌落是件可怕的事情，有了悬崖传感器就可以避免这种情况。一旦快到边缘，悬崖传感器就会通知扫地机器人停下。

机器人面临的挑战：

看见世界

机器人只安装接近传感器还远远不够，如果像人类那样，机器人能看到周围的环境该多好呀！其实很多机器人都安装了摄像机，可以"看见"，但要看清却没那么简单。

我们的世界有各种各样的东西。由于位置、光线和视角的变化，这些东西看起来也不一样。人脑非常善于理解这些形状、外表的变化，不会受到干扰。机器人就很难理解这种变化，机器人通常只关注物体的某些特征，对视觉信息简化处理。比如，机

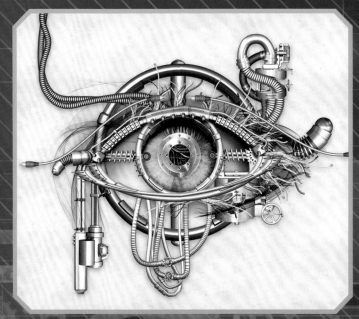

器人常常定位和追踪物体的边缘，来了解环境中的各个物品。帮助机器人更好地处理视觉信息是人工智能的一个重要问题。

相似而不相同的人脸

想知道机器人如何区分不同的物体吗？我们一起来看看机器人是如何进行人脸识别的吧！

当我们看到一张人脸时，大量的视觉信息帮助我们记住这张脸，我们还能注意到陌生人的年龄、性别、情绪等。当机器人看到一张人脸时，机器人的软件会测量这张脸的特征数据（比如双

人脸识别

又叫人像识别、面部识别，机器人通过测量人脸的特征数据进行识别。

>>>>

眼的距离、鼻子的宽度、下巴的长度等），通过比较这些数据，机器人就可以从视觉上"识别"不同的人脸了。

机器人 Pepper

机器人 Pepper 可以识别人脸，还可以对每个人做出不同的反应。

激光雷达

机器人的"视力"越来越好，但还是远远不够的。如果要完成难度更大的任务，机器人还需要更精细的传感器。当机器人在复杂的环境中移动时，机器人需要安装进行探测的激光雷达。

激光雷达的原理跟接近传感器的相似，激光雷达发出激光，激光遇到物体反射，光敏传感器接收反射回来的激光，判断周围的环境。激光的波长短、精确度高，虽然光速极快，但从物体上反射回来需要时间，通过测量所需的时间就可以精确确定物体的位置。

激光雷达就像机器人的"眼"，可以让机器人"看见"物体，这张图展示的就是激光雷达如何让机器人"看见"物体。机器人和它的激光雷达位于黑色圆圈中心，激光雷达通过测量周围物体的距离，描绘出一幅轮廓图，这样机器人就可以"看见"汽车、树木……

>>>>

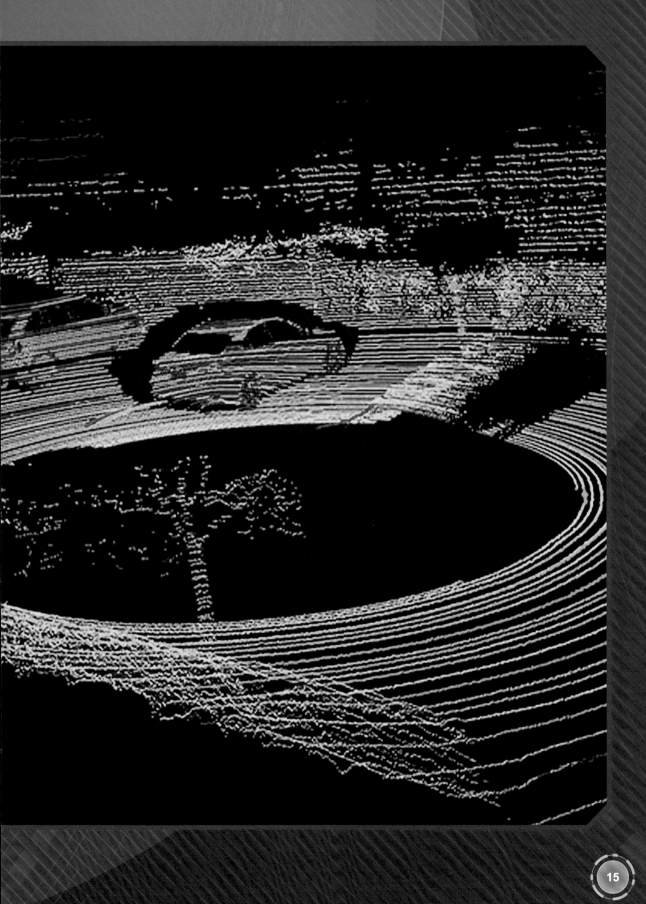

激光雷达的用处远远不只是测量到一个点的距离。一个激光雷达组件可以包含几十个光敏传感器，能扫描整个房间。有的激光雷达组件每秒测量一百多万次，这些测量数据可以为机器人绘制所在环境的详细图像提供帮助。高性能的激光雷达组件很昂贵，但物有所值。

与人类相比，很多机器人都笨手笨脚，但是波士顿动力公司研发的机器人阿特拉斯不一样，它可以奔跑、跳跃，还可以像人类运动员那样在坑坑洼洼的地面上空翻。想要完成这些高难度的动作，机器人就需要精确地指引。借助激光雷达，阿特拉斯可以避开障碍物，完成特技表演，并且保持平衡。

旋转式激光雷达

这个激光雷达组件可以旋转，能全方位测量与周边物体的距离。

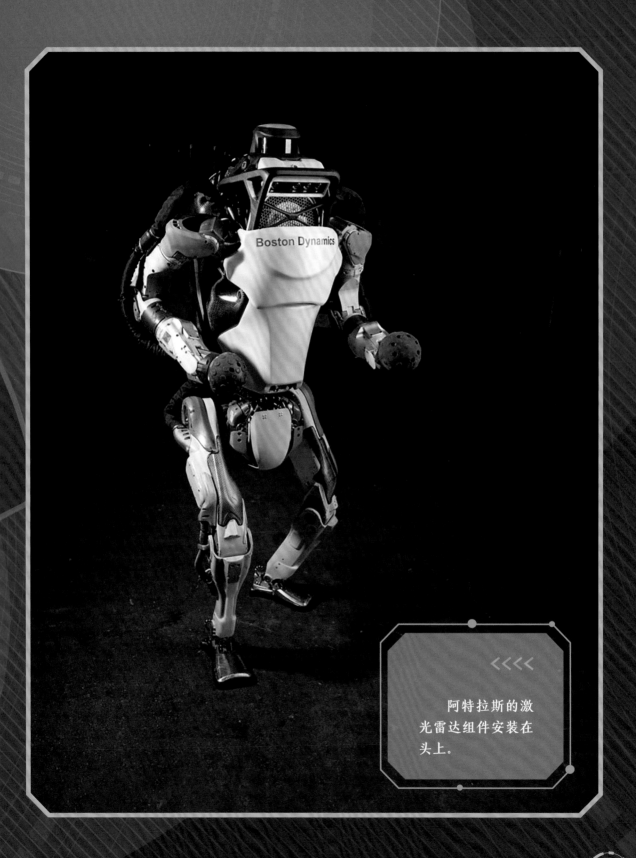

阿特拉斯的激光雷达组件安装在头上。

"**你好，我叫**

Tory！"

机器人身上有很多比人类更良好的感知系统（比如激光雷达）。机器人 Tory 在商店工作，能把货架上堆满的未售货品数得清清楚楚。商店关门以后，Tory 开始忙碌起来，它在过道上走来走去，清点衣服、鞋子、玩具等货物。Tory 是怎样清点货物的呢？Tory 使用的技术叫作 RFID（全称是射频识别技术）。未售货物上都贴有特殊的无线射频识别标签，Tory 经过这些标签的时候，会读取标签信息，并利用这些信息清点货物数量。

自主性

高

Tory 可以自行盘点，无须人类帮忙。

身高

高 1.5 米。

作息

Tory 是个夜猫子，常常在人类熟睡时工作。

制造商

Tory 由德国 MetraLabs 公司制造。

盘点速度

快

Tory 盘点货物的速度比人类的快 10 倍。

名字的寓意

Tory 取自英文单词"inventory（库存）"的最后四个字母。

"我正在听你说话呢！"

机器人还有一个重要的感觉就是听觉，机器人接收声音的传感器是麦克风。很多机器人通过麦克风接收声音，然后提取声音的模型，再与特定词语匹配，这就是语音识别技术。这项技术使很多机器人可以听懂语音指令。

听懂意思比听到声音要难得多。在嘈杂的聚会中，人类可以区分出聊天声音和背景声音，正常交谈。但对机器人来说，要把聊天声音从背景声音中区别出来是很困难的。

2012 年，日本本田技研工业株式会社研发了机器人 HEARBO，测试机器人听力的极限。HEARBO 通过多个麦克风定位声源，一旦确定了声源，HEARBO 就可以过滤掉背景声音，专注于要听的声音。

"我能听到声音"

HEARBO 的头部安装了 8 个麦克风。当接收到声音时，HEARBO 能分解声音的波形，区分出不同声源，并通过精确的算法定位声音的来源。

>>>>

感知系统

说到感知系统，你可能想到的是视觉、听觉、触觉、味觉和嗅觉。这些感知系统都属于外部感知系统，帮助我们认识周围的世界。人类还有内部感知系统，帮助我们感知身体的状况，所以我们能感觉到手、脚或其他部位正在做些什么。

机器人也分外部感知系统和内部感知系统，摄像机、麦克风等都是外部感知系统，内部的一些传感器可以帮助机器人监测身体状况，是机器人的内部感知系统。

有的内部传感器可以帮助机器人测量不同关节的位置数据，确定身体的位置；有的传感器可以测量扭矩，帮助机器人感知自己所使用的力，这样机器人就能知道手上的物体有多重，或推动物体要用多大的力气。

要充电啦！

想象一下这样的场景，一个扫地机器人正在清洁地板，突然没电了，你不得不四处寻找它，然后给它充电。还好现在的扫地机器人都能够感知自身的电量，一旦发现电量低，它们就会自动返回充电点充电。

工业机器人 Baxter 身上有很多传感器，可以感知各个关节的位置和扭矩。当 Baxter 和人类一起工作时，就不会打到或撞到它的人类同事了。

经常走动的机器人还需要陀螺仪和加速度计。陀螺仪可以检测转动，帮助机器人感受自身是否旋转或倾斜。加速度计测量加速度，也就是动作的速度变化（加速、减速或方向的改变）。方向向下的引力与加速度有关，所以加速度计还可以探测是否产生了方向向下的力，帮助机器人不倾斜。

机器人 Nao

Nao 有很多内部传感器，不仅可以保持直立，还可以踢足球。即使摔倒了也没关系，Nao 还有一项重要技能——自己站起来。

机器人 Nao 是一款人形机器人，它借助陀螺仪和加速度计保持平衡，拥有良好的平衡感，能像人类一样用双脚走路。

驱动器

　　仅能感知周围的世界是不够的，想要完成任务，机器人必须动起来。人类通过肌肉做出动作，机器人的"肌肉"就是它的驱动器，机器人身上任何需要活动的部分都要有驱动器。

　　大部分驱动器是电动机，安装在机械臂的"肘部"。通电后，电动机就会转动。当电动机向一个方向转动时，机械臂就会弯曲；当电动机向相反方向转动时，机械臂就会伸直。

自由度

如果机械臂上只有一个电动机作为驱动器，那么机械臂像我们的胳膊一样，只能向一个方向伸直或弯曲。除胳膊的手肘外，我们身上还有很多的关节。机器人也一样，身上通常会有很多"关节"，每多一个驱动器，机器人就多了一个可以活动的方向。

在一个方向上活动的可能性叫作自由度。如果一个机器人拥有 5 个驱动器，我们就可

只有一个"关节"的机器人非常不灵活，所以大部分机器人都有多个"关节"，能朝不同的方向活动。

>>>>

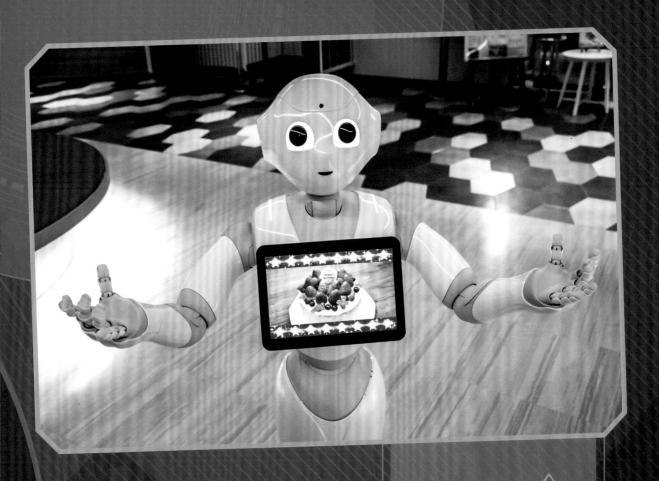

以说这个机器人的自由度为 5。

自由度越高，机器人能完成的动作就越复杂。简单机械臂的自由度可能只有 2 ~ 3，但人形机器人的自由度能达到几十以上，因为人形机器人有手臂、脚、身体和头等多个部位。

像 Pepper 这样复杂的人形机器人，关节的位置和人类的差不多，所以它看起来和人类很相似。

"你好，我叫

WAREC-1！"

如果说自由度越高，机器人就越灵活的话，那么机器人WAREC-1就是个柔术大师。WAREC-1的自由度为28，光四肢的自由度就是7，极高的自由度使WAREC-1特别灵活，WAREC-1可以用双腿走路、四肢爬行，还可以用腹部滑行。这样设计是有原因的，工程师希望WAREC-1可以胜任复杂环境的救援工作，比如从坍塌的大楼或受损的核反应堆里救人。

自主性

中

WAREC-1 在复杂环境救援时，需要人类远程控制。

特别之处

WAREC-1 使用的是中空的驱动器，电线可以从驱动器中间穿过，这样电线就不会被切断或损坏。

移动能力

强

WAREC-1 还会爬梯子。

制造者

WAREC-1 由日本早稻田大学的研究人员制造。

名字的寓意

WAREC-1 是"Waseda Rescuer（意思是'早稻田救助者'）"的缩写。

大小

重 155 千克，双脚站立时高 1.7 米。

液压驱动器

除了电动机，机器人还有其他类型的驱动器，比如由带压力的液体提供动力的液压驱动器。

"你好，我是机器人Jimmy！"

迪士尼研究室研发了一款叫Jimmy的机器人，Jimmy靠空气和水的混合物提供动力，能做出各种动作。没准儿你下次再去迪士尼的时候，就会看到Jimmy！

>>>>

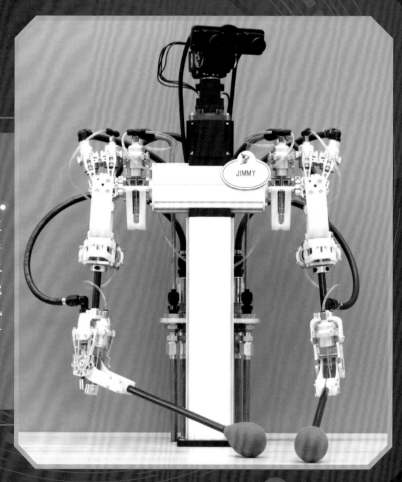

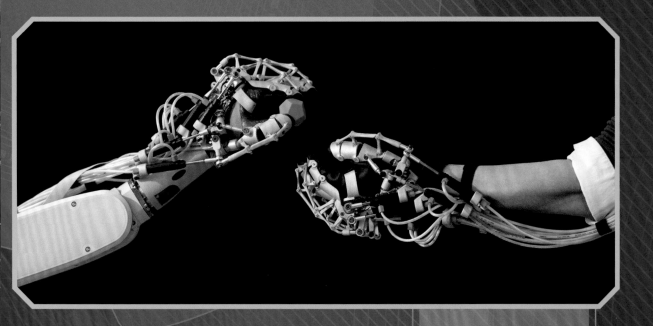

在圆筒装入带有压力的液体，再将活塞或连杆放入圆筒，就组成了简单的液压驱动器。向筒内注入更多的液体会使活塞向外移动，减少筒内的液体会使活塞往里移动，活塞的移动为机器人提供动力。液压驱动器能提供的动力较大，通常用在工作繁重的机器人身上。

气动驱动器的原理与液压驱动器的类似，不过气动驱动器用的不是液体而是带压力的气体。装有气动驱动器的机器人的动作幅度小、精度高、速度快、声音小，更厉害的是装有气动驱动器的人形机器人的面部表情丰富，手部动作精细。

仿真机械手
ExoHand

仿真机械手 ExoHand 使用的驱动器就是气动驱动器，能模仿人的手部动作。

压电驱动器

液压驱动器和气动驱动器仅仅是个开始，工程师还研究出了其他驱动器。

压电驱动器用一种特殊的压电材料给机器人提供动力，是一项重大的技术突破。压电驱动器的电流可以使压电材料弯曲或伸展，从而控制机器人的动作。

当机器人非常小巧或需要做很精细的动作时，经常要用到压电驱动器。集群机器人就安装了压电驱动器。

末端执行器

　　肌肉最大的用处是帮助我们和世界互动，机器人想要互动，除了驱动器外，还需要有执行器。机器人的执行器大多在"身体"的末端，又叫末端执行器。想象一下，如果把你的手臂看作机器人的机械臂，那么你的手就是末端执行器。我们用手抓住和移动物体，而机器人用末端执行器做这些动作。

　　有时候我们把机器人的"手"叫作夹爪，其实夹爪只是末端执行器的一种，机器人的"手"还可能是挂钩、粉碎爪、焊接工具……

　　这个机器人的末端执行器就是仿照我们的手制作的，可以为我们递东西。

>>>>

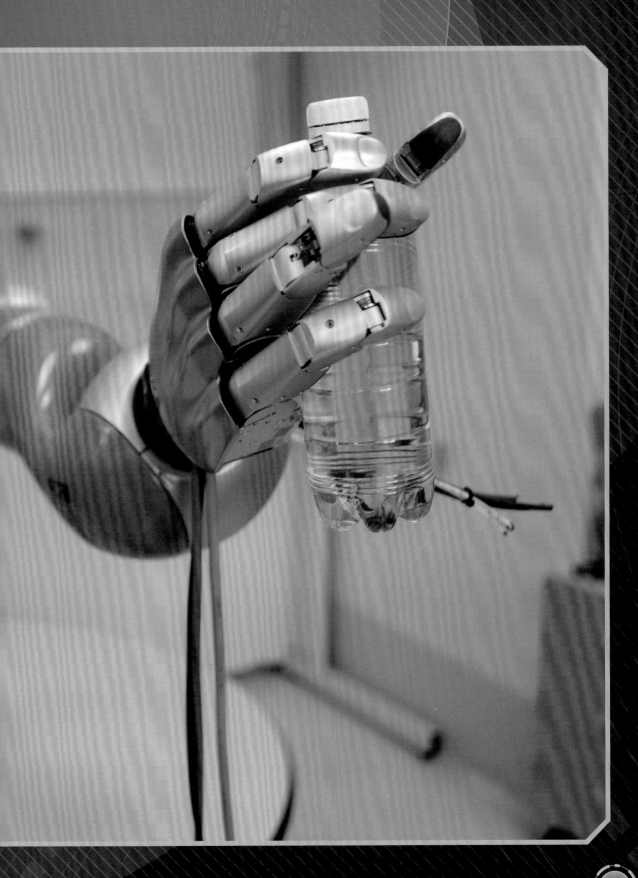

机器人
面临的挑战：
抓握

你一定觉得把东西捡起来是件特别容易的事，我们的双手经过了漫长的演化，才发展成现在这样。机器人的末端执行器的发展还不足百年，把东西捡起来这么简单的任务，对机器人来说是个很大的挑战。

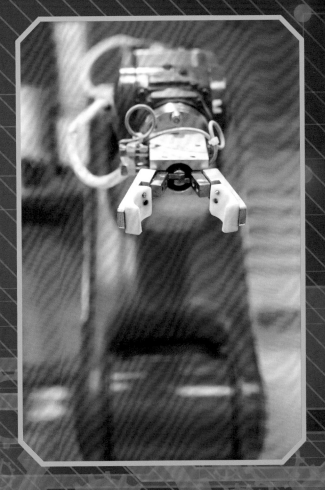

机器人擅长处理重复的工作，在流水线上，机器人一遍又一遍地做着相同的工作。如果机器人需要操作不同形状的物体呢？一直以来，人类想设计一种包装苹果的机器人，可世界上没有完全一样的两个苹果，苹果也容易被压坏。如果机器人不能控制末端执行器的力度大小，那么最后就不是包装苹果，而是生产了一箱箱苹果泥。

夹爪

　　为了解决机器人的抓握问题，工程师设计了各种各样的夹爪。一个简单的工业机器人只需要用到最基本的夹爪——有两三根手指的夹爪。有的机器人需要用吸力把易碎物品吸起来，避免破坏易碎物品；有的机器人需要一个柔软的抓手，用轻柔的压力和灵活的手指抓起容易损坏的物品（比如包装苹果）。

　　要抓起金属物体，机器人常常需要安装磁铁夹爪。在机器人没电的时候，磁铁夹爪也能紧紧地抓住物体。

>>>>>

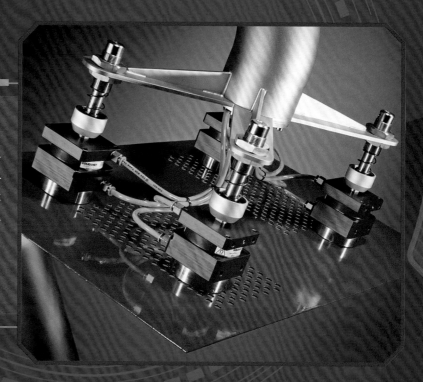

不是所有夹爪都像人类的手。2010 年，康奈尔大学、芝加哥大学和 iRobot 公司另辟蹊径，共同研发了一款独特的夹爪——装有咖啡粉的气球。当碰到物体时，气球接触物体的部分凹陷下去，无缝贴合物体的表面。这时候用真空泵抽走气球里的空气，装着咖啡粉的气球就像我们常见的真空包装的食物一样，变得非常坚硬，形状固定，气球手就可以稳定地抓起物体。气球手为什么会变得坚硬呢？那是因为气球里面的咖啡粉就像无数个小齿轮，在没有受到挤压时可以来回滚动；当用真空泵抽走气球里的空气后，"齿轮"互相挤压，开始啮合，气球手变得坚硬。

生活就像一个盲盒，你无法预知，但夹爪的表现永远不出所料——行动迅速、包装细致。

"你好，我叫

Shadow Dexterous Hand！"

机器人有各种各样的夹爪，但有时候我们想要的就是一只手——一只像人那样的手，所以 Shadow Dexterous Hand 应运而生。Shadow Dexterous Hand 的外观和动作都高度模仿了人手。跟我们的手一样，Shadow Dexterous Hand 有 5 根手指，还分左右手。Shadow Dexterous Hand 的每个指尖都安装了超灵敏触摸传感器，可以做出细致、准确的动作。

自主性

低

这只是一只机械手。

精准度

Shadow Dexterous Hand 上布满了位置传感器和力量传感器，可以精准触碰。

灵活性

超高

Shadow Dexterous Hand 的自由度为20，比一些机器人所有组件的自由度还要高。

制造商

Shadow Dexterous Hand 由英国 Shadow Robot 公司制造。

名字的寓意

Dexterous 是手指灵巧的意思。

大小

与人手差不多大。

其他末端执行器

夹爪只是一种末端执行器，机器人要完成很多种工作，所以末端执行器也有很多种类。

灭火机器人会安装高压水枪或泡沫炮作为末端执行器，烹饪机器人会安装勺子或锅铲作为末端执行器，喷漆机器人的末端执行器是喷漆枪，焊接机器人的末端执行器是焊机，组装消费品的机器人的末端执行器是喷胶枪……机器人的末端执行器多种多样。

机器人 Flippy

Flippy 负责给肉饼翻面，它的末端执行器是一把锅铲。每做完一批肉饼，Flippy 还会把末端执行器换成刮刀，清理一下烤肉架，再烤下一批肉饼。

术语表

电动机：在电流作用下可以运动的组件。

气动驱动器：由带压力的气体提供动力的驱动器。

液压驱动器：由带压力的液体推动的驱动器。

悬崖传感器：一种接近传感器，用来检测边缘，防止机器人掉落。

接近传感器：用于测量机器人与物体距离的传感器。

超声波：频率高于人耳可接收范围的声波。

人工智能：缩写为 AI，计算机科学技术的一个分支，指利用计算机模拟人类智力活动的技术。

人脸识别：根据人脸特征识别人类身份的技术。

激光雷达：激光发出脉冲从而测定距离，并且绘制出物体三维图片的感应方式。

扭矩：用来描述旋转力的术语。

陀螺仪：用来测量转动的组件，可以让机器人感受到自身是否旋转或倾斜。

加速度计：一种用来测量速度变化（比如加速、减速或方向改变）的传感器。

自由度：机器人的某个关节向特定方向移动的能力。机器人的自由度越大，它能做出的动作就越复杂。

压电驱动器：由一种特殊的压电材料提供动力的驱动器，这种驱动器可根据电流发生形状变化。

集群机器人：一大群微型机器人，常常组合在一起执行任务。

末端执行器：安装在机器人"身体"末端的执行器。

夹爪：机器人能够抓住和操作物体的组件，是一种末端执行器，相当于机器人的"手"。

致谢

本书出版商由衷地感谢以下各方：

Cover © Kirill Makarov, Shutterstock

4-5 © Tinnaporn Sathapornnanont, Shutterstock; © Sony Corporation

6-7 © Omer Faruk Boyaci, Shutterstock; Smithsonian Institution

8-9 Portrait of Jacques de Vaucanson (1784), oil on canvas by Joseph Boze; Academy of Sciences/Institut de France (Paris); Public Domain

10-11 © Kazuhiro Nogi, Getty Images

12-13 © Jeremy Sutton-Hibbert, Alamy Images

14-15 © Kazuhiro Nogi, Getty Images; Humanrobo (licensed under CC BY-SA 3.0)

16-17 © Rodrigo Reyes Marin/AFLO/Alamy Images

18-19 © RoboCup Federation

20-21 Peter Schulz (licensed under CC BY-SA 4.0); © RoboCup Federation

22-23 © SoftBank Robotics

24-25 © Francois Nel, Getty Images; © Philip Lange, Shutterstock

27-29 © Georgia Institute of Technology

30-31 © Bettmann/Getty Images; © Jack Taylor, Getty Images

32-33 Public Domain; © CBS Toys

34-35 © Anki

36-37 © Matthew Fearn, PA Images/Getty Images; © Innvo Labs Corporation

38-39 © Sony Corporation

40-41 © Good Moments/Shutterstock; © Ned Snowman, Shutterstock

42-43 © Ozobot & Evollve; © Sphero

44-45 © Wonder Workshop, Inc; © Alesia Kan, Shutterstock

索引